O   ZERO

1 ONE I

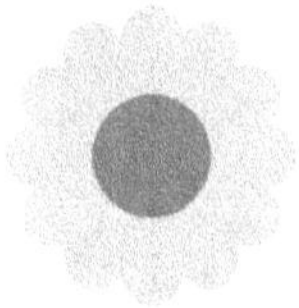

2 TWO II

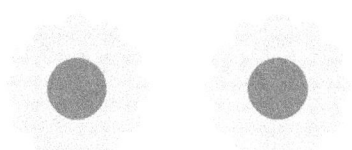

| 2 2 |
| 2 2 |
| 2 2 |
| 2 2 |
| 2 2 |
| 2 2 |
| 2 2 |

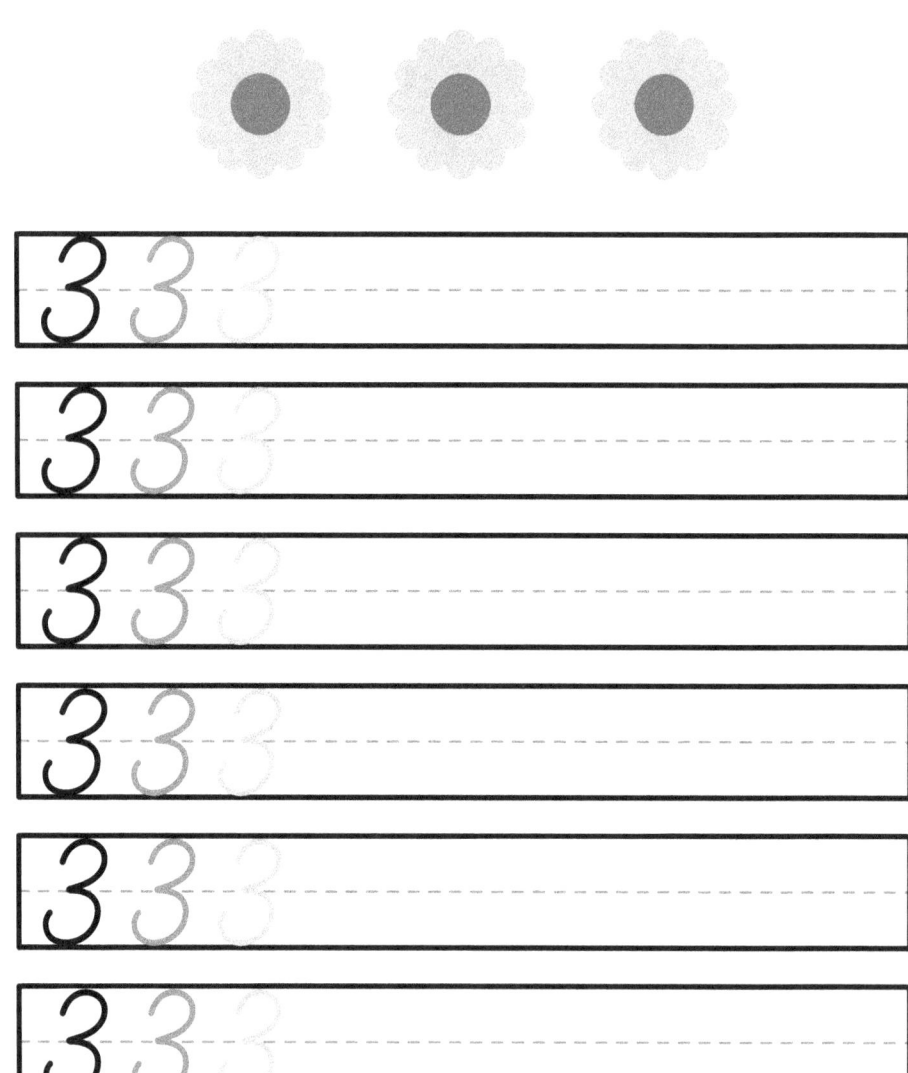

6 SIX VI

66
66
66
66
66
66
66

9 NINE IX

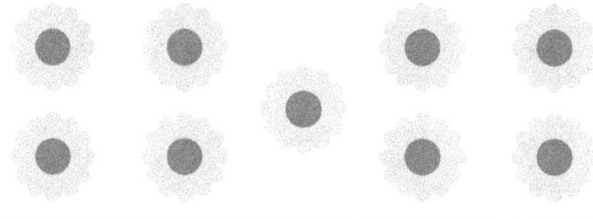

10 TEN X

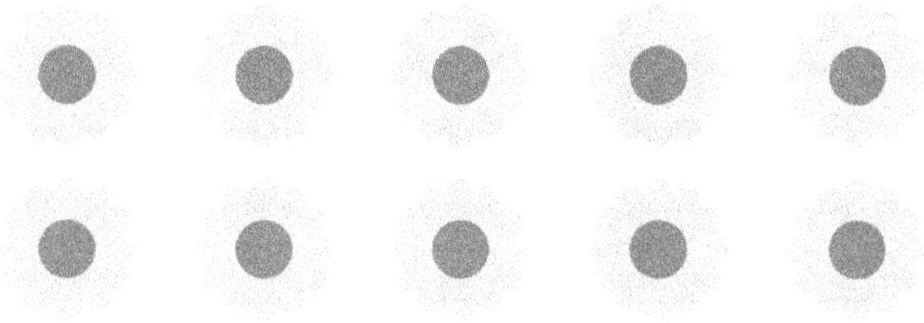

10 10
10 10
10 10
10 10
10 10
10 10
10 10

Review
1-10

1 1 1
2 2 2
3 3 3
4 4 4
5 5 5
6 6 6
7 7 7
8 8 8
9 9 9
10 10 10

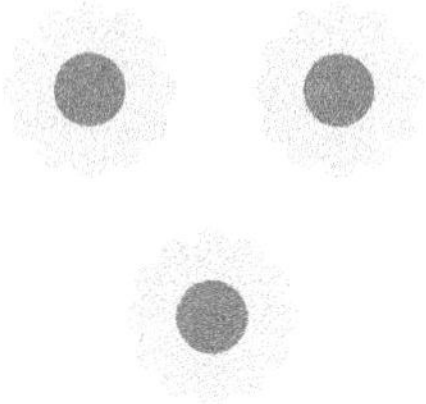

••• (3 dots)	3
•••••• (6 dots)	6
•••• (4 dots)	
•• (2 dots)	
••••• (5 dots)	

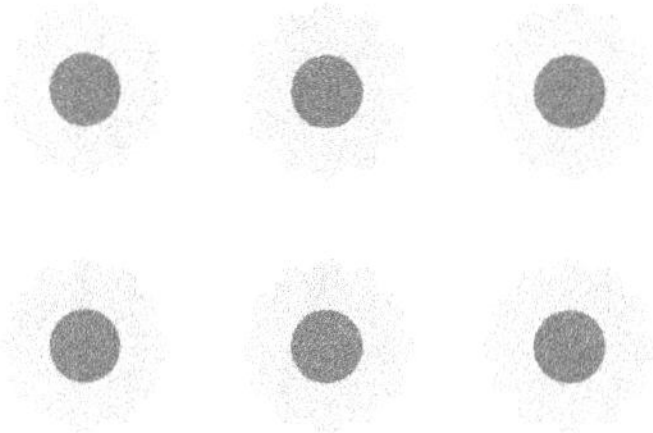

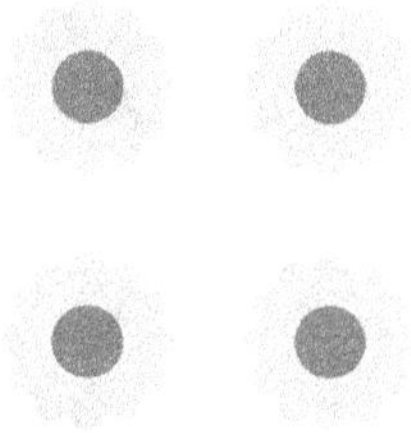

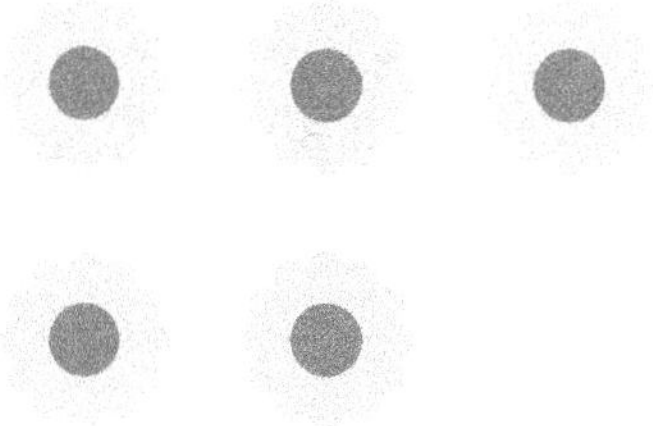

10	I
3	V
7	III
4	VI
9	X
1	IV
6	IX
8	VII
2	VIII
5	II

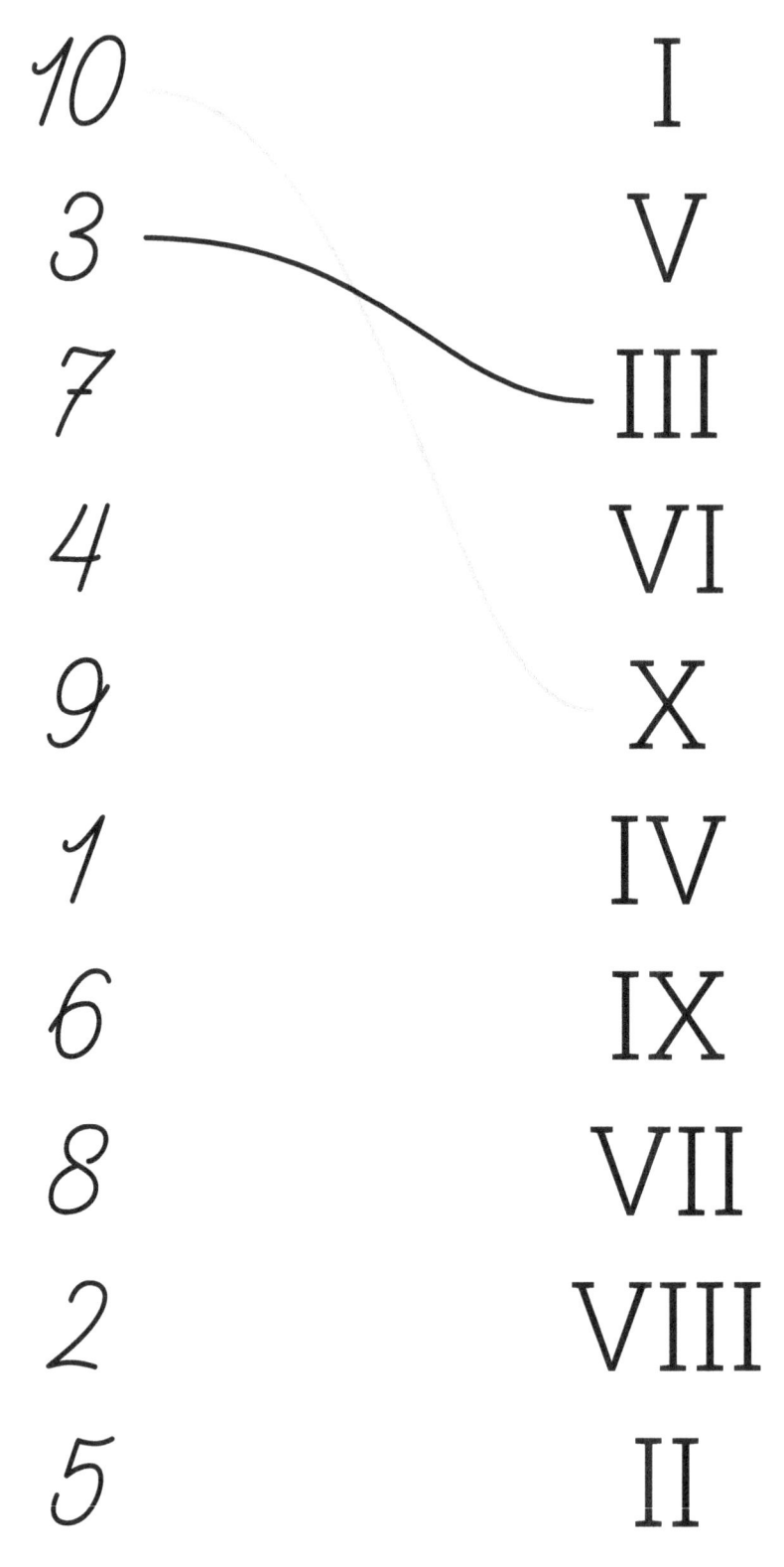

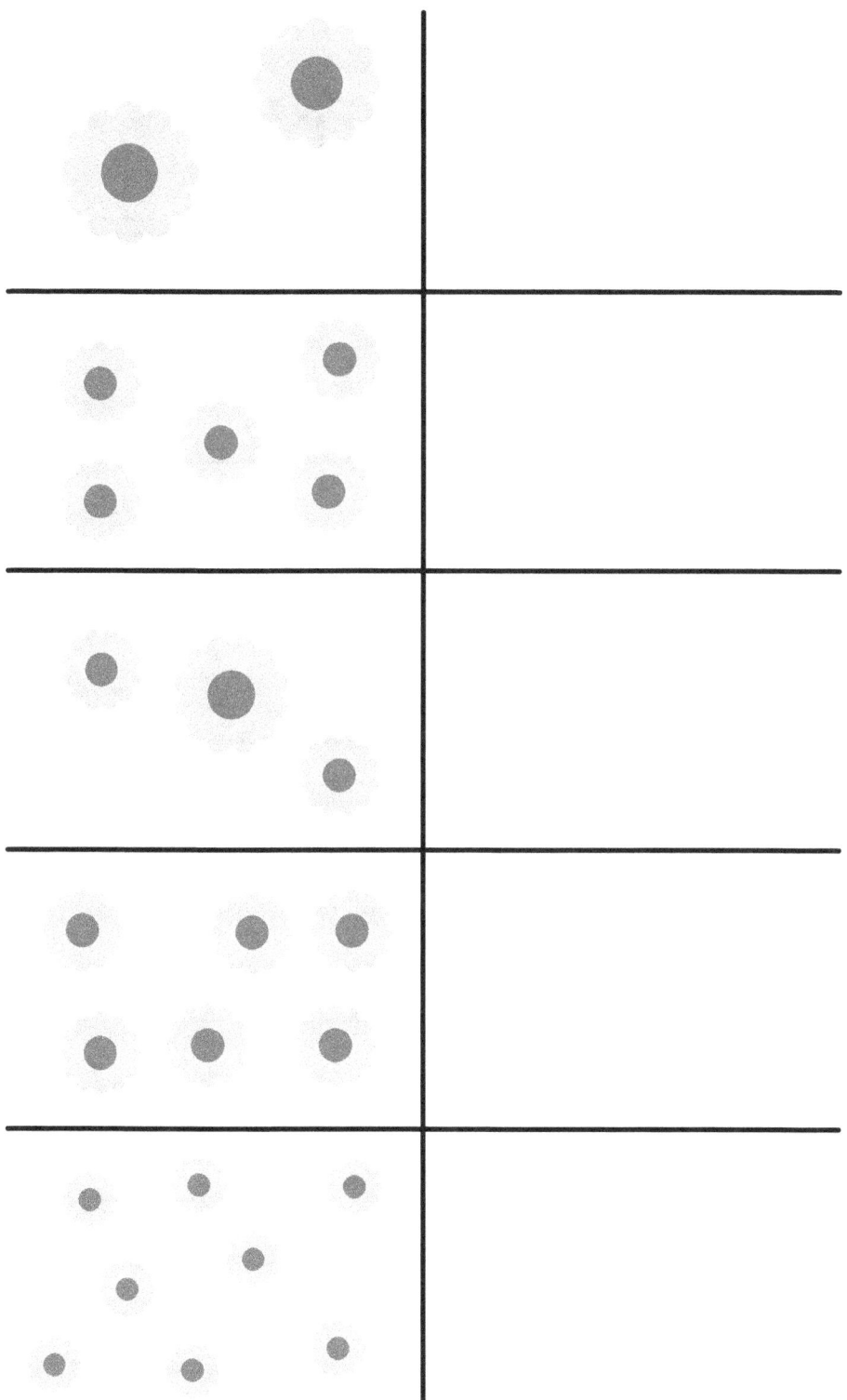

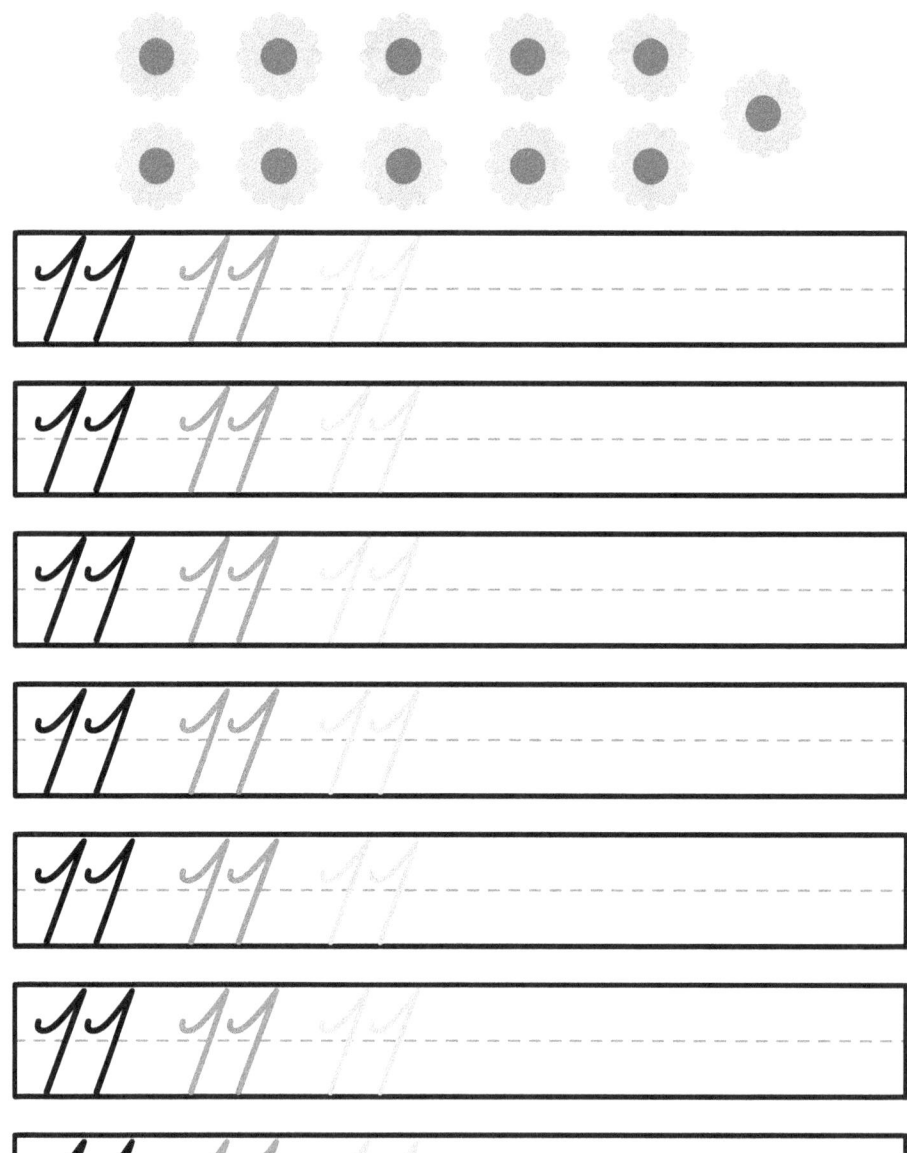

12 TWELVE XII

13 THIRTEEN XIII

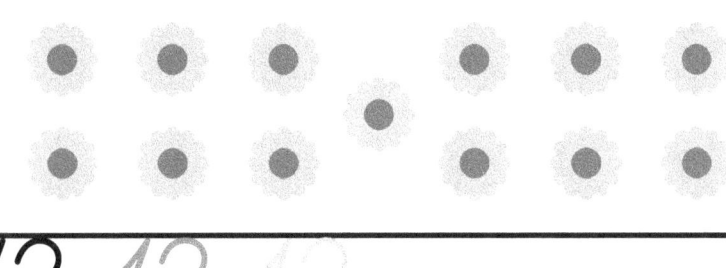

13 13 13

13 13 13

13 13 13

13 13 13

13 13 13

13 13 13

13 13 13

15 FIFTEEN XV

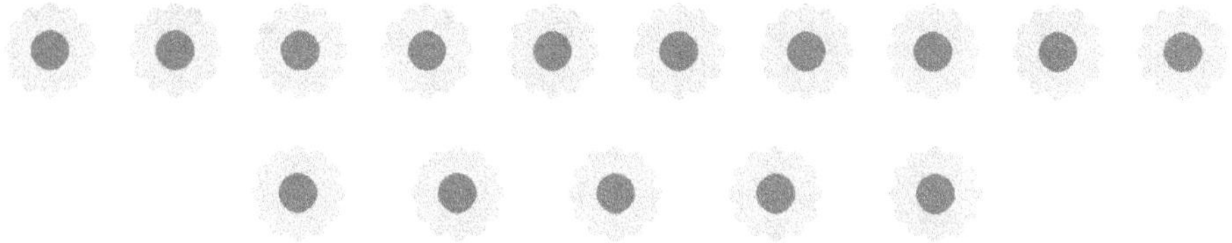

15 15 15

15 15 15

15 15 15

15 15 15

15 15 15

15 15 15

15 15 15

16 SIXTEEN XVI

• • • • • • • • • •

• • • • • •

16 *16*

16 *16*

16 *16*

16 *16*

16 *16*

16 *16*

16 *16*

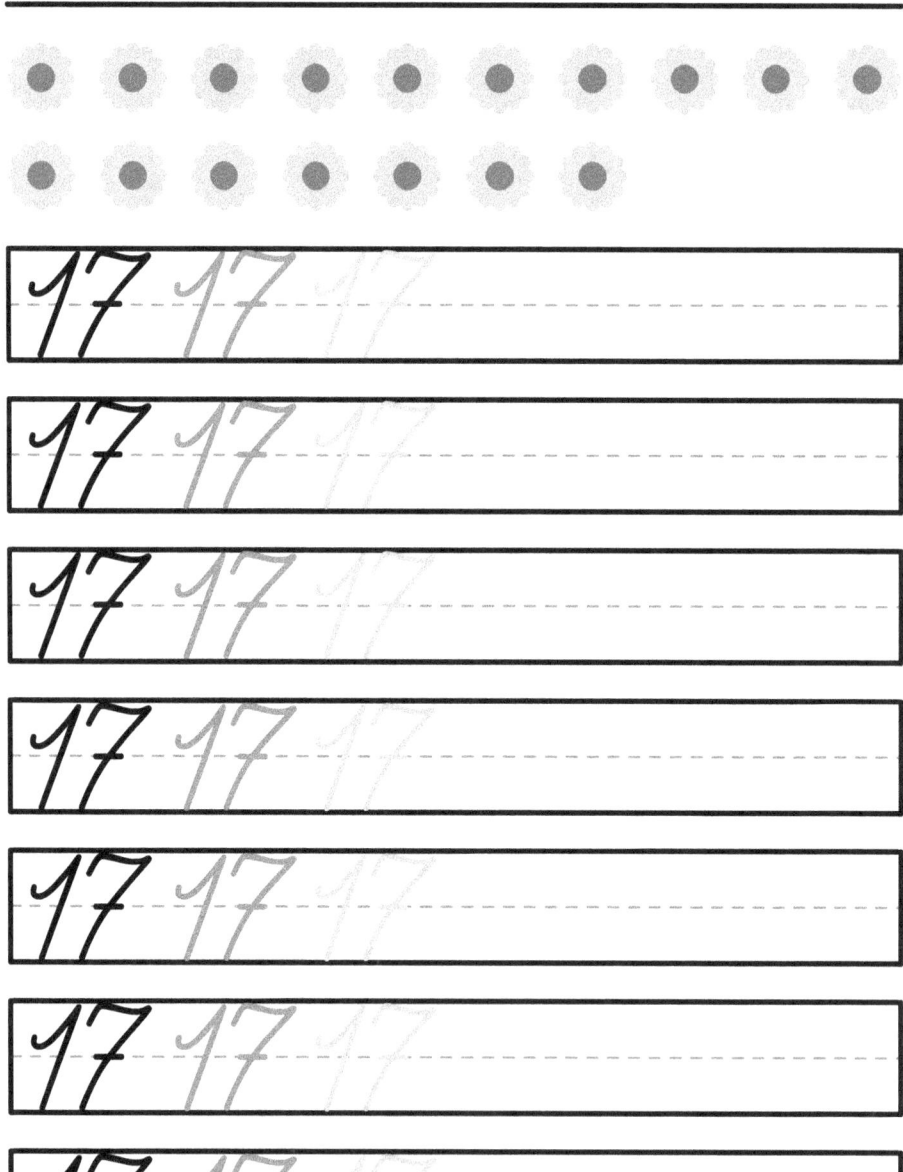

18 Eighteen XVIII

20 TWENTY XX

20 20
20 20
20 20
20 20
20 20
20 20
20 20

Review
11-20

11
12
13
14
15
16
17
18
19
20

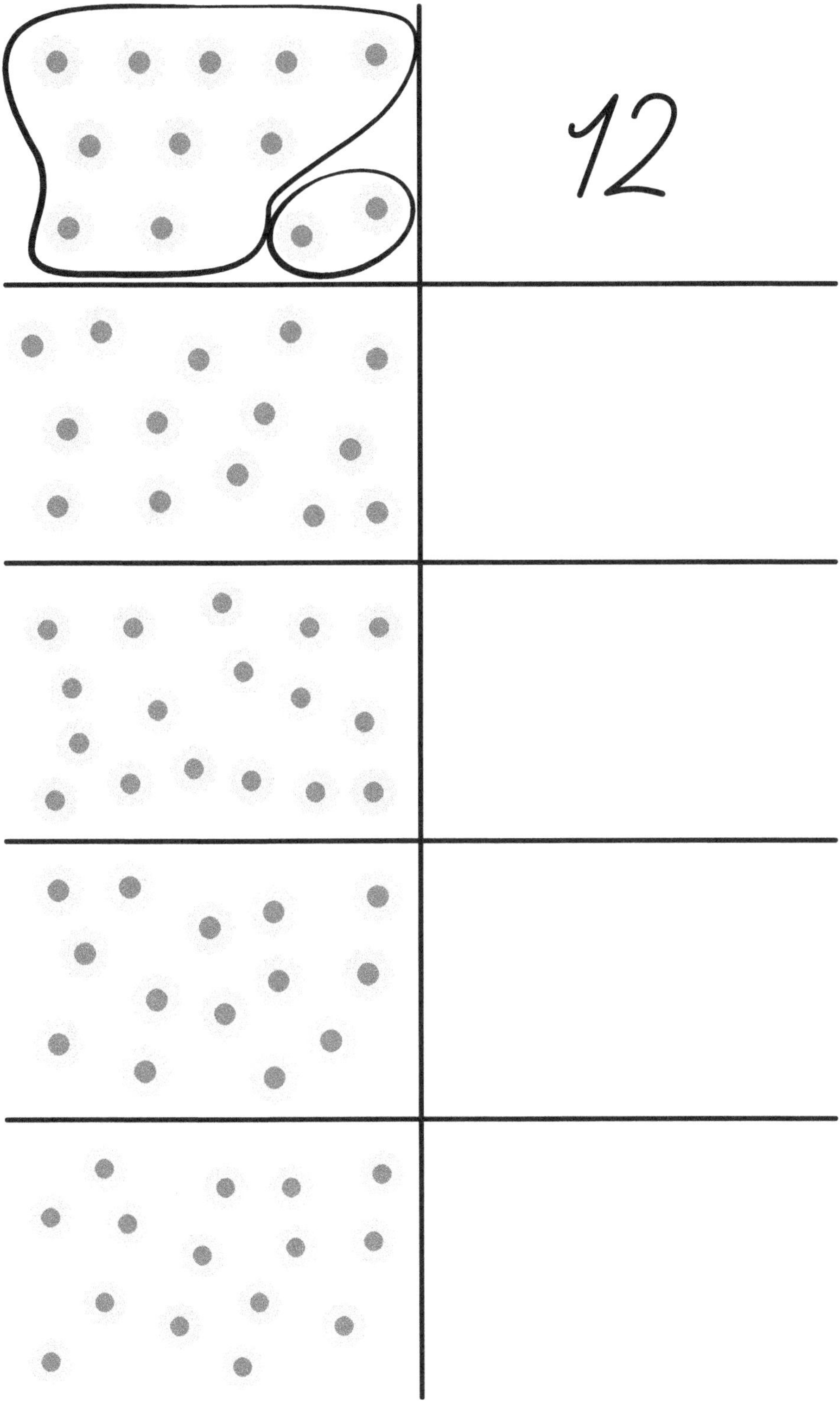

12

11	XI
13	XV
17	XIII
14	XVI
19	XX
20	XIV
16	XIX
18	XVII
12	XVIII
15	XII

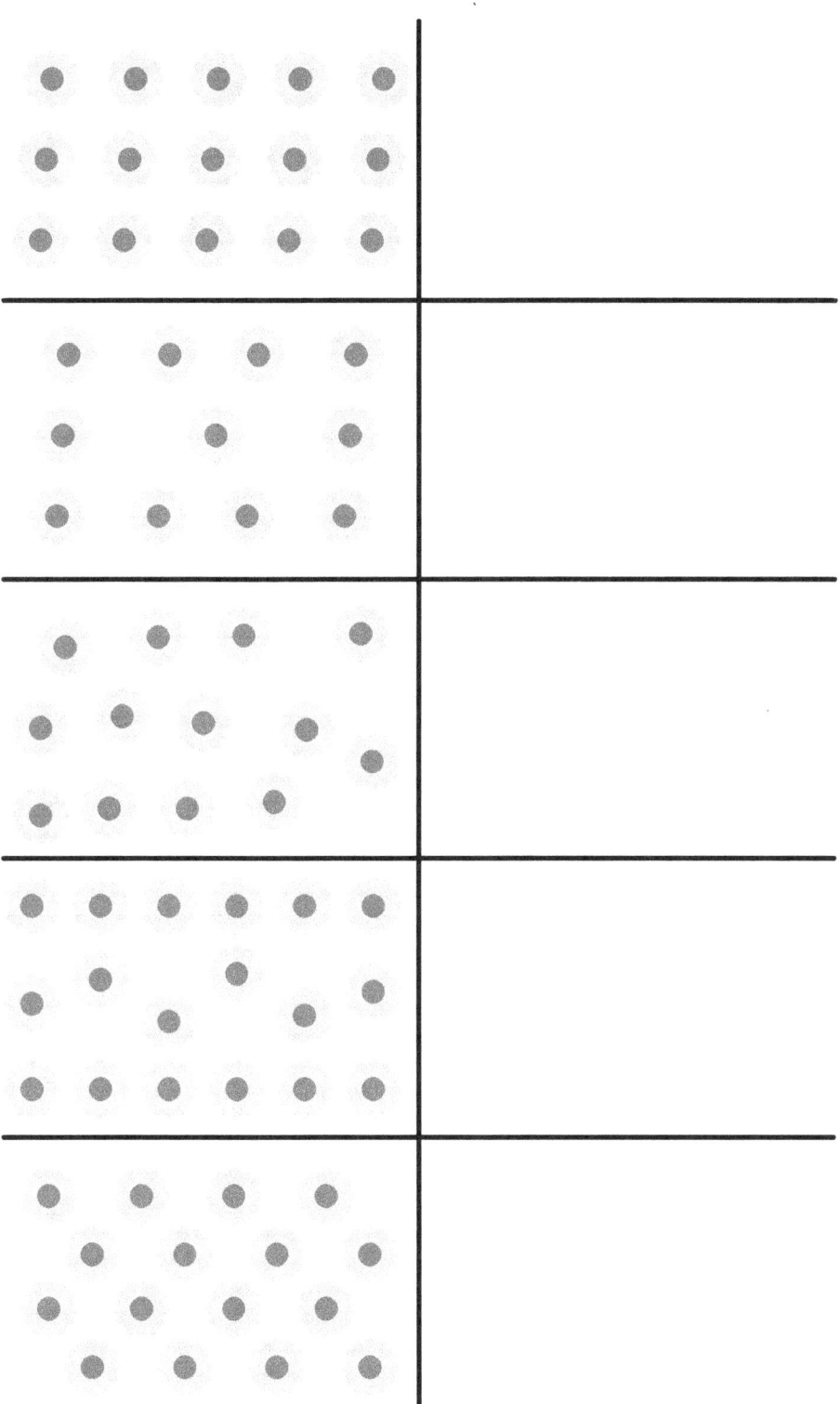

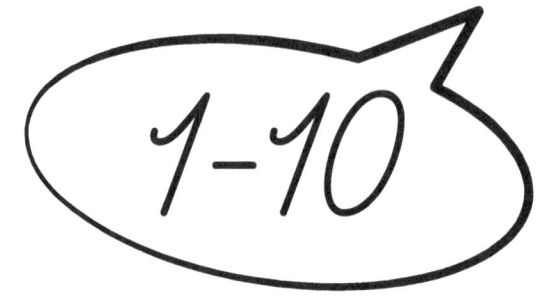

1 1 1

2 2 2

3 3 3

4 4 4

5 5 5

6 6 6

7 7 7

8 8 8

9 9 9

10 10 10

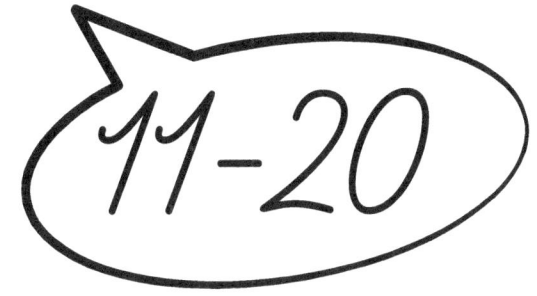

11–20

11 11

12 12

13 13

14 14

15 15

16 16

17 17

18 18

19 19

20 20

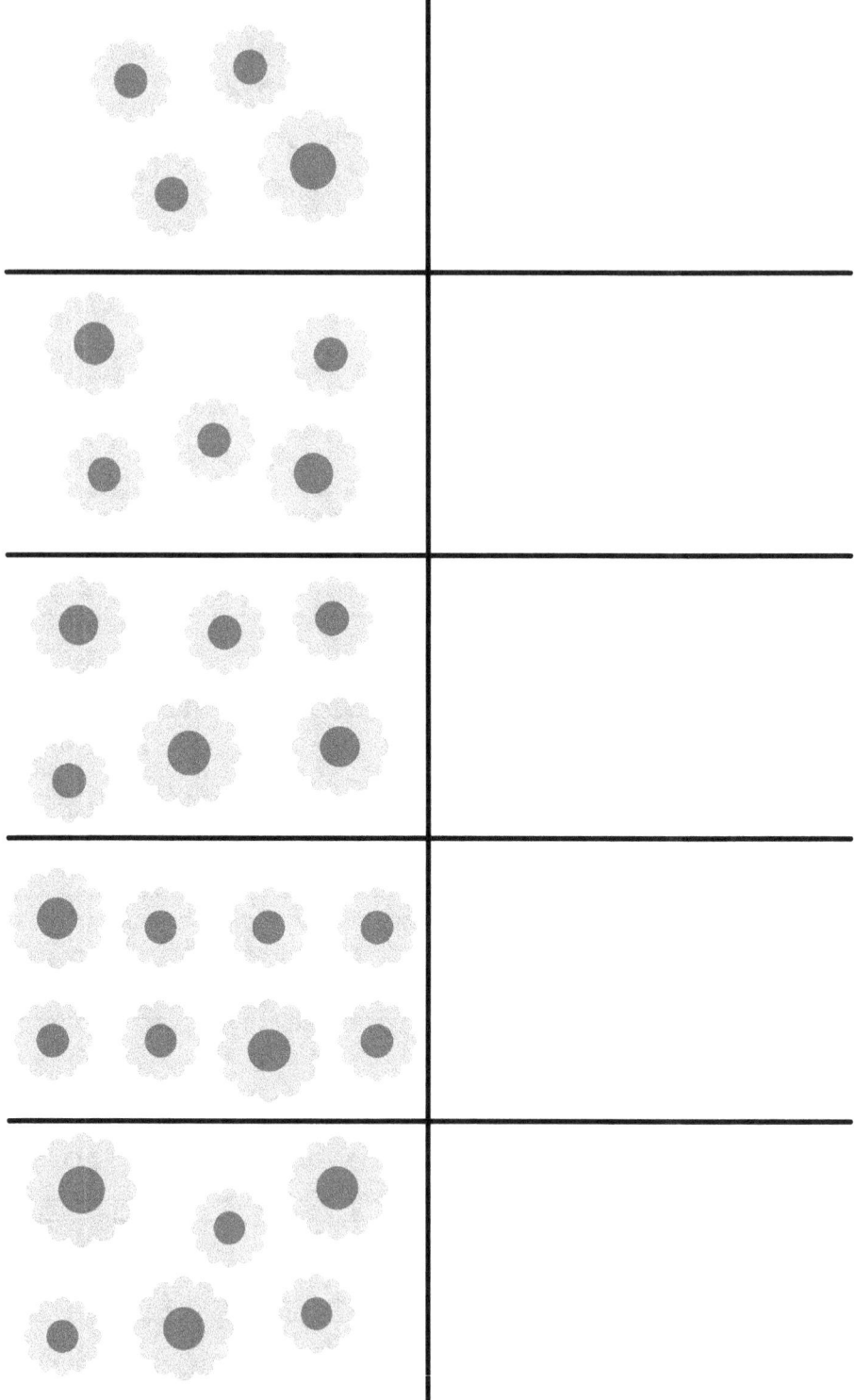

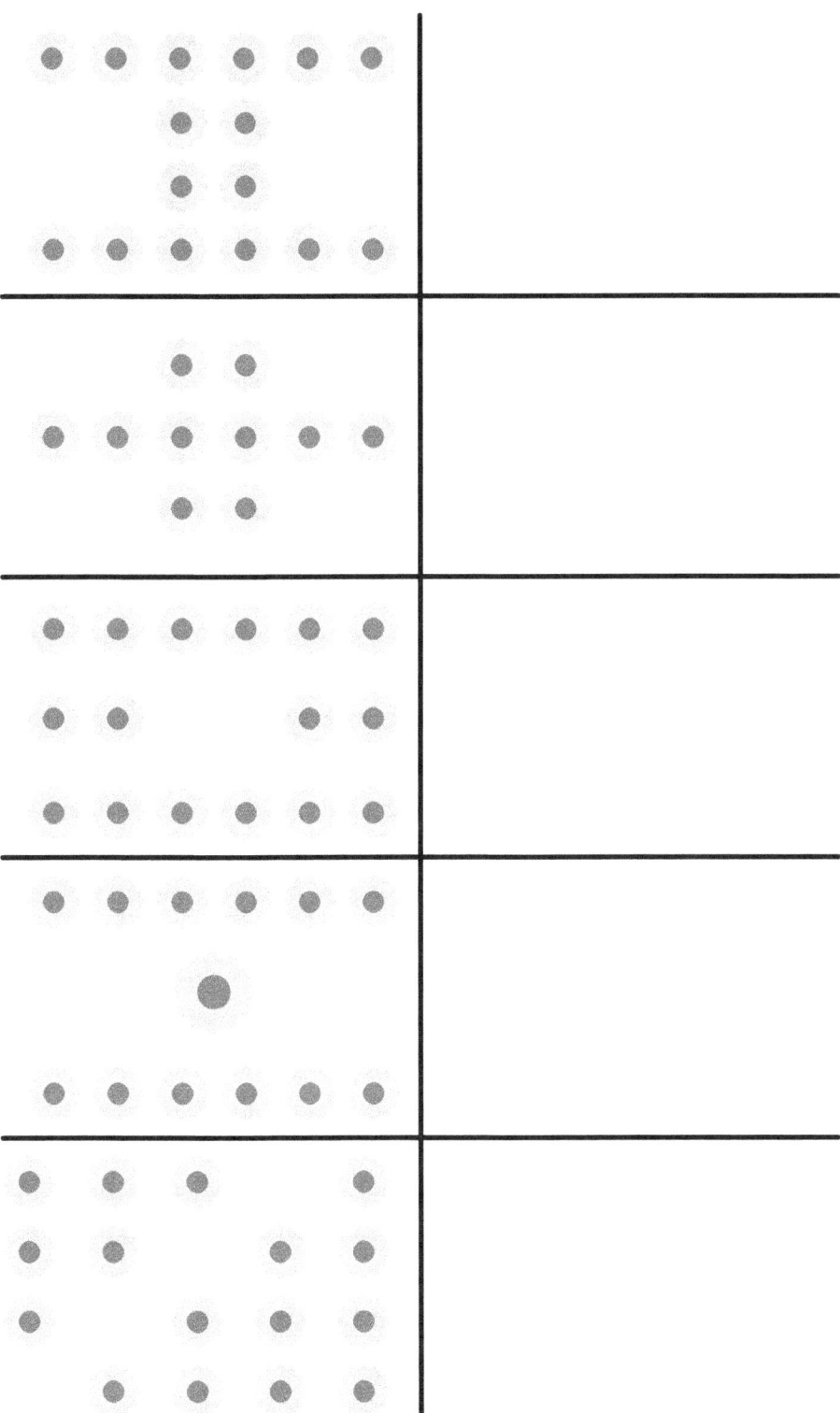

1
2
3
4
5
6
7
8
9
10

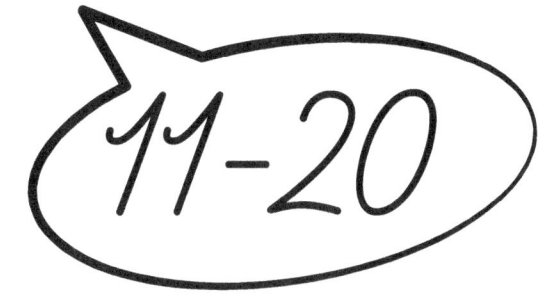

11–20

11 11

12 12

13 13

14 14

15 15

16 16

17 17

18 18

19 19

20 20

Self-practice

www.ingramcontent.com/pod-product-compliance
Lightning Source LLC
Chambersburg PA
CBHW071157220526
45468CB00003B/1061
9781796803662